奇妙的病毒世界

李建法 / 主编

青岛出版集团 | 青岛出版社

图书在版编目（CIP）数据

奇妙的病毒世界 / 李建法主编 . -- 青岛：青岛出版社, 2025. -- ISBN 978-7-5736-3244-9

Ⅰ . Q939.4-49

中国国家版本馆CIP数据核字第2025TR9933号

QIMIAO DE BINGDU SHIJIE

书　　名	奇妙的病毒世界
主　　编	李建法
出版发行	青岛出版社
社　　址	青岛市崂山区海尔路182号（266061）
本社网址	http://www.qdpub.com
邮购电话	0532-68068091
责任编辑	聂　昕
装帧设计	写食（河北）文化传媒有限公司
印　　刷	青岛名扬数码印刷有限责任公司
出版日期	2025年4月第1版　2025年4月第1次印刷
开　　本	16开（889mm×1194mm）
印　　张	8
字　　数	80千
书　　号	ISBN 978-7-5736-3244-9
定　　价	98.00元

编校印装质量、盗版监督服务电话：4006532017　　0532-68068050

编委会

主　编　李建法

副主编（按姓氏音序排序）

　　杜琛华　　韩　旭　　贺宇彤

编　者（按姓氏音序排序）

　　白　萍　　曹晓娟　　笪宇蓉
　　郭　玉　　李明轩　　梁震宇
　　刘军青　　席晓凤　　张世勇

绘　图　张　杰

病毒世界

流感病毒

脊灰病毒

登革病毒

麻疹病毒

戊肝病毒

乙肝病毒

诺如病毒

水痘-带状疱疹病毒

狂犬病病毒

人乳头瘤病毒

目录

流感病毒	2
脊灰病毒	14
登革病毒	26
麻疹病毒	38
戊肝病毒	50
乙肝病毒	62
诺如病毒	74
水痘-带状疱疹病毒	86
狂犬病病毒	98
人乳头瘤病毒	110

流感病毒
Influenza Virus (IV)

流感病毒　流行性感冒病毒,简称"流感病毒"。它是引起人类急性呼吸道传染病的"幕后黑手"之一,专攻人类呼吸道,所有人群都是它的攻击目标,可恶极了。听说它最近又在肆虐,并且不断叫嚣"没有人不认识它",今天让我们一起来认识它,并学会如何防御它吧!

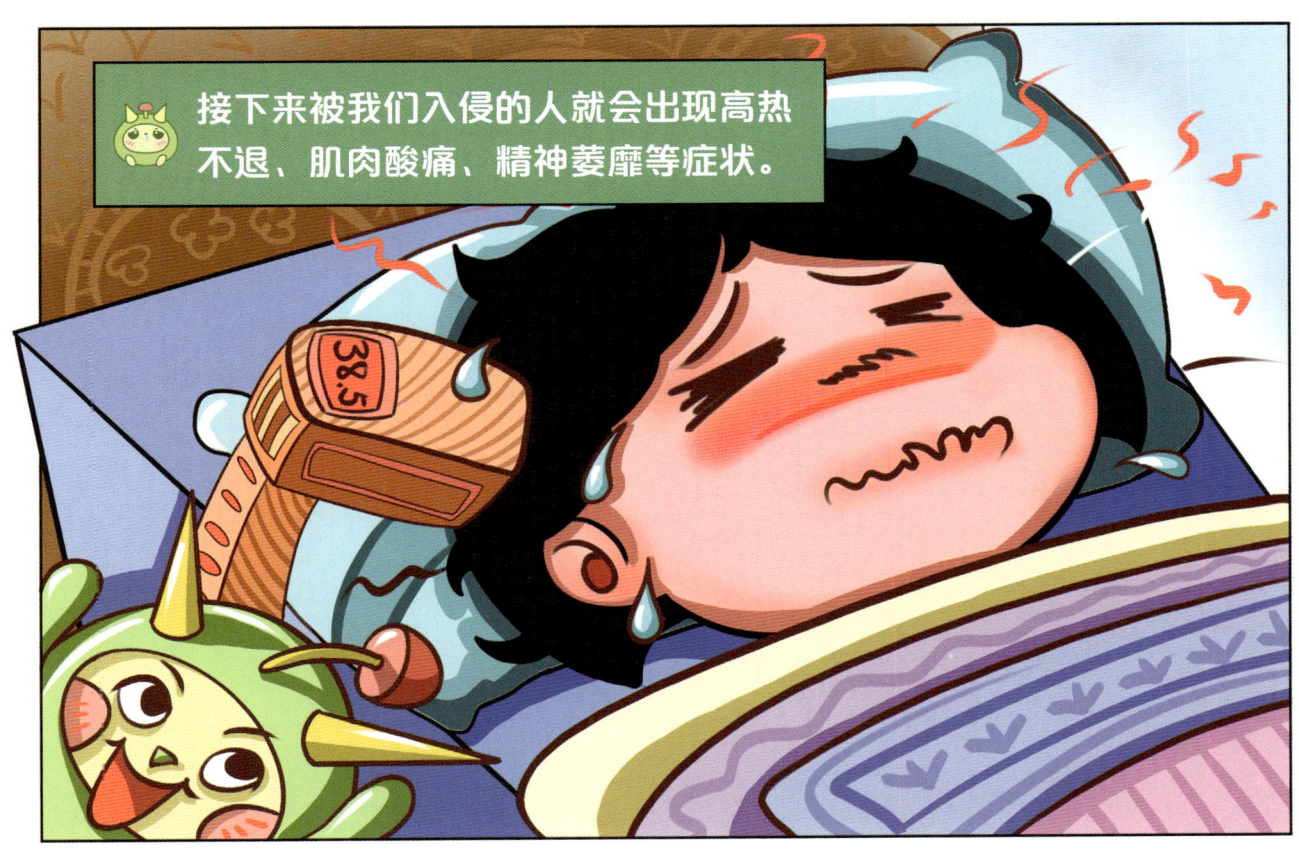

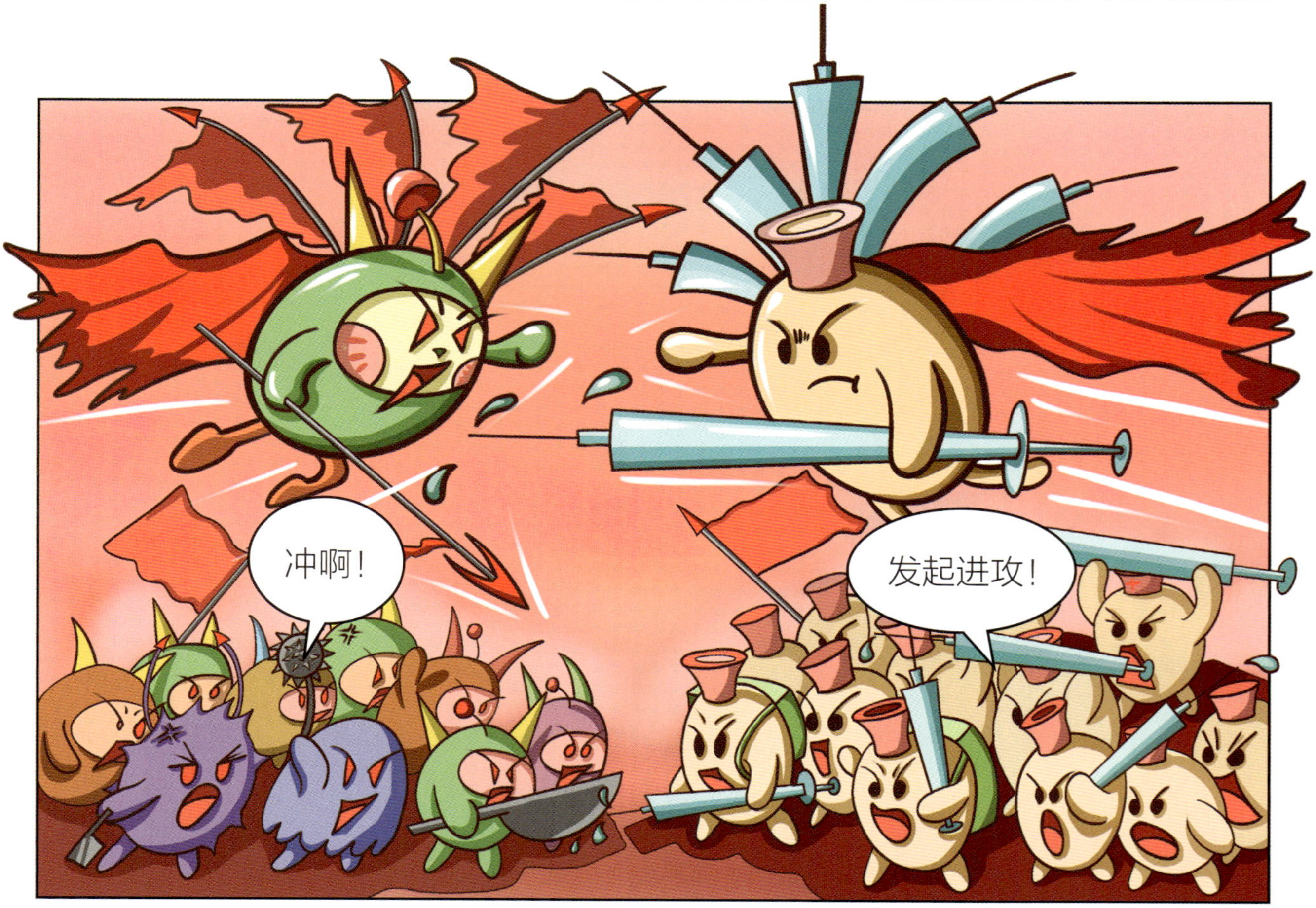

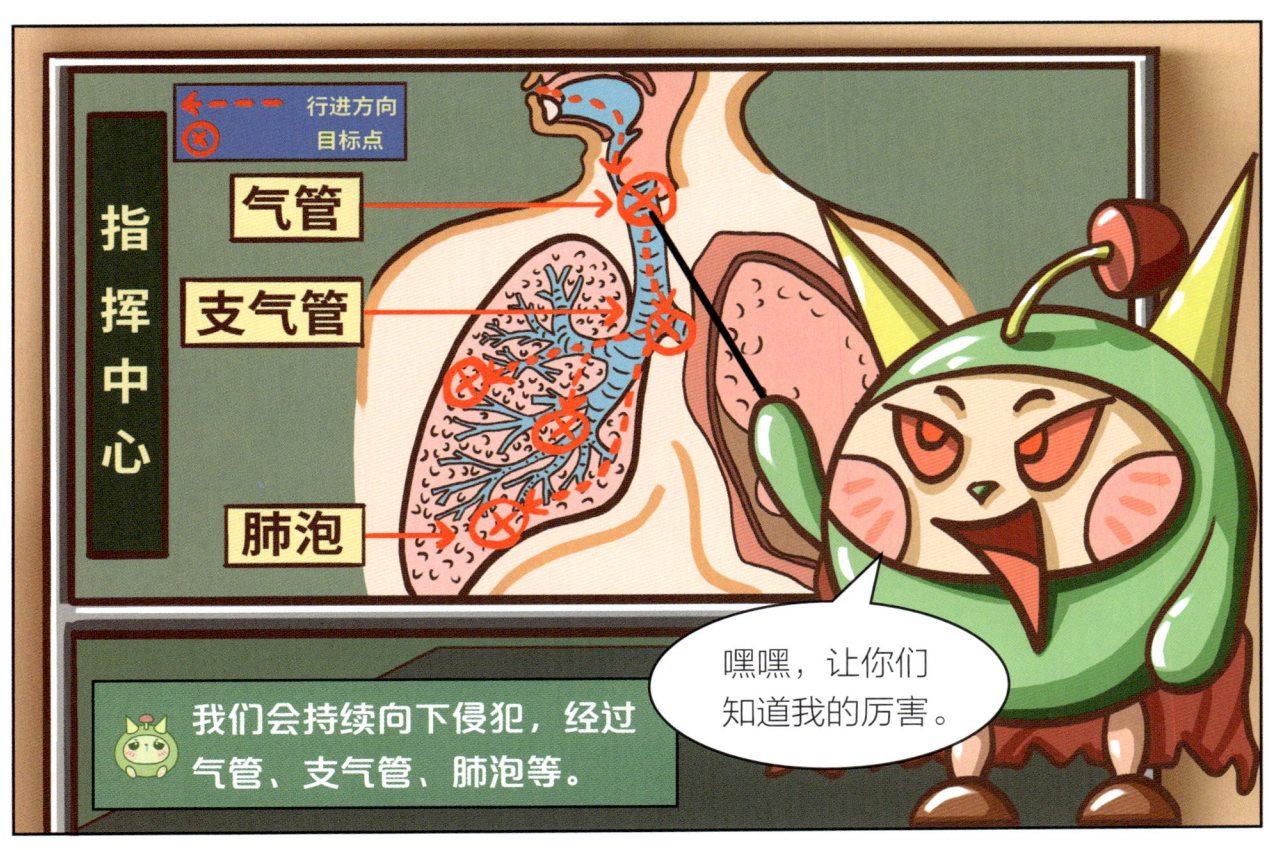

老年人、孕妇、婴幼儿和慢性基础疾病患者，一旦被感染，更容易发生重症流感。

普通感冒和我引发的流感比较像，不过，这种感冒病毒通常是等免疫系统休息的时候，偷偷进入人体，而我则喜欢和人体免疫系统正面开战。

怂包！

[流感病毒]

[流感病毒]

另外，开窗通风、勤洗手等都会在一定程度上削弱我们的战斗力。出门戴口罩也能起到防御我的作用。

不想被我感染，就赶紧做好防护吧！

脊灰病毒
Poliovirus（PV）

脊灰病毒 脊髓灰质炎病毒,简称"脊灰病毒"。由其引起的脊髓灰质炎,俗称小儿麻痹症。在脊灰疫苗问世前,很多人深受其害。虽然我国在 2000 年被世界卫生组织证实为无脊髓灰质炎国家,但仍有脊灰病毒输入风险。今天就让我们一起来了解如何抵御脊灰病毒吧!

2000年,中国成为"无脊灰"国家。然而,全球范围内与脊灰病毒的斗争仍在继续。

脊髓灰质炎,是由脊灰病毒引起的急性神经系统传染病,典型表现就是肢体不对称性麻痹。人类是脊灰病毒目前已知的唯一的天然宿主,所有人群都有可能感染。

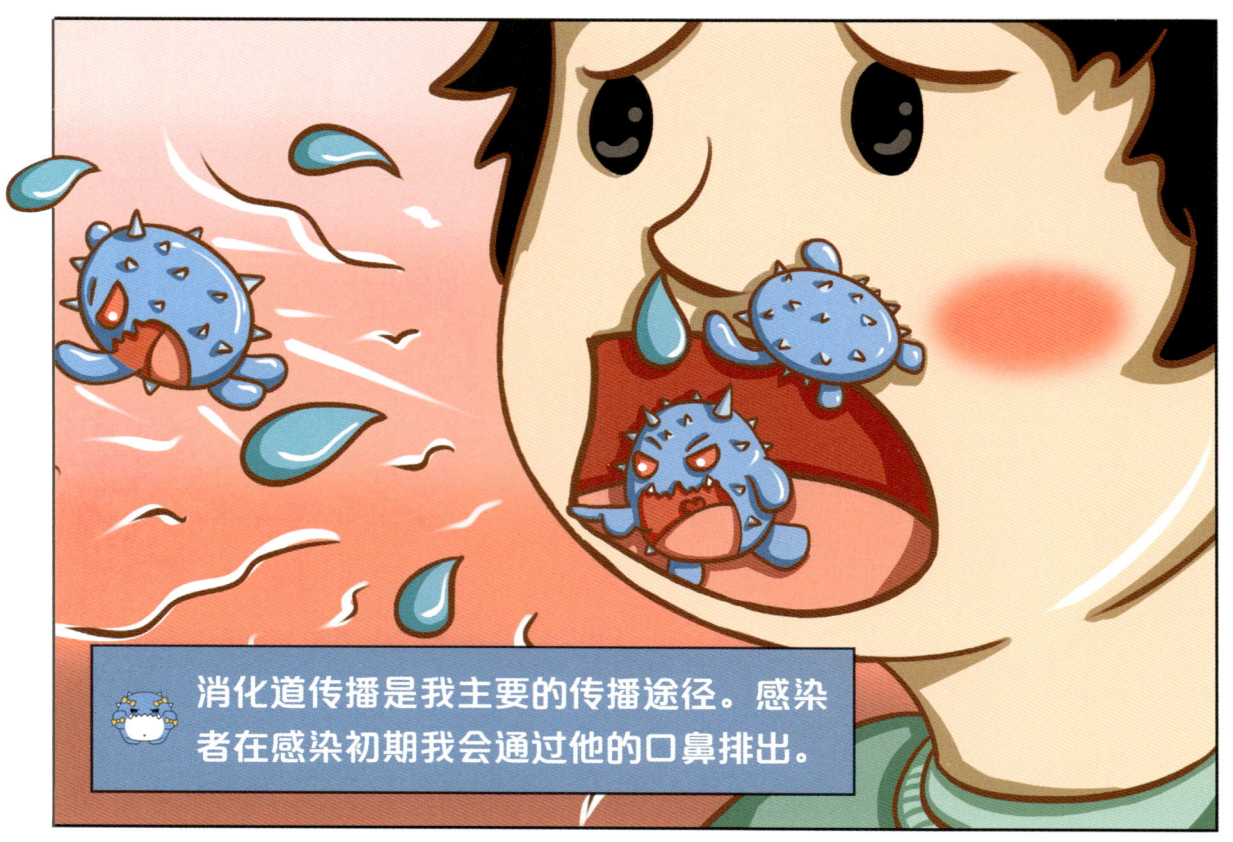
消化道传播是我主要的传播途径。感染者在感染初期我会通过他的口鼻排出。

感染者在感染一段时间后,他的粪便会成为主要的传染源。如果有人误食被感染者粪便污染的水源和食物等,就会有被感染的风险。

[脊灰病毒]

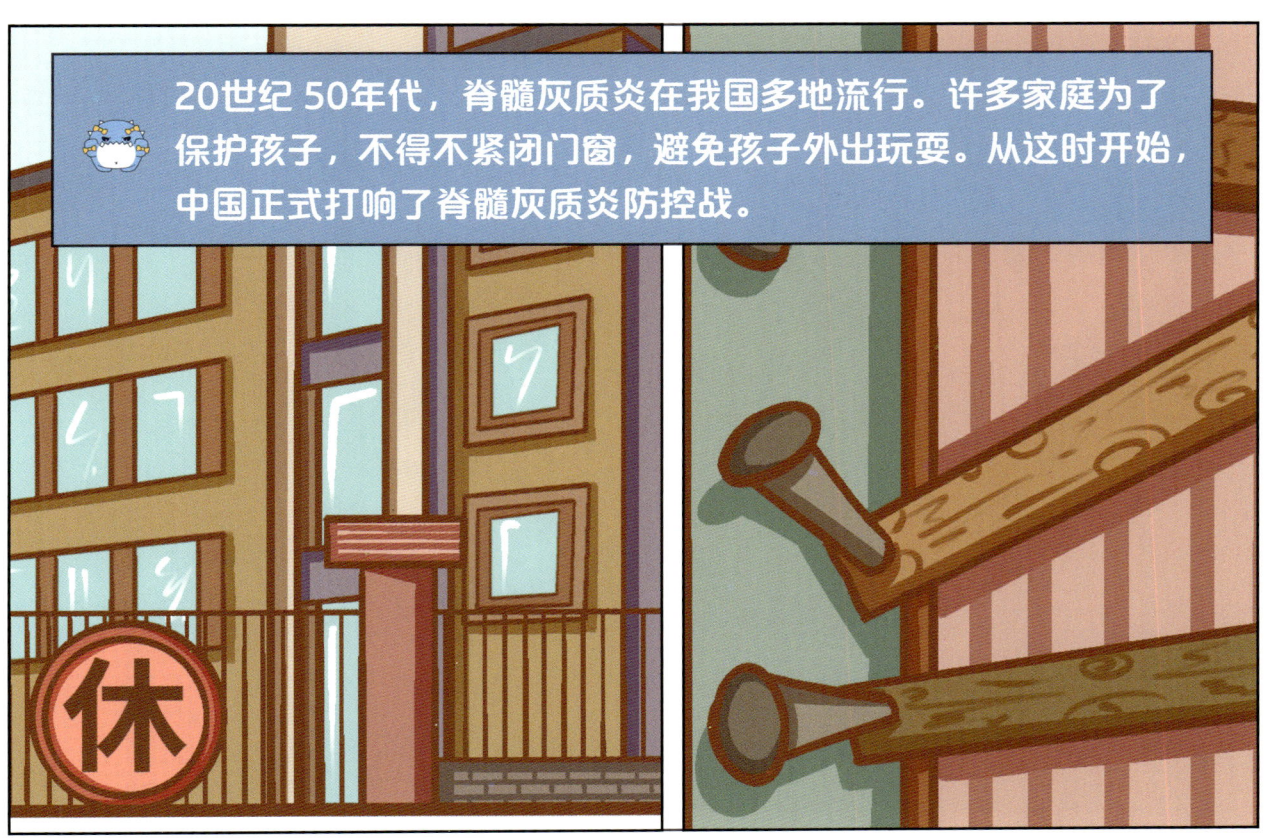

20世纪50年代，脊髓灰质炎在我国多地流行。许多家庭为了保护孩子，不得不紧闭门窗，避免孩子外出玩耍。从这时开始，中国正式打响了脊髓灰质炎防控战。

1957年，31岁的顾方舟临危受命，开始了脊髓灰质炎的研究工作。

我国于1960年成功自行研制出口服脊灰减毒活疫苗,该疫苗于1965年开始在全国逐步推广使用。1978年我国开始实施儿童计划免疫。

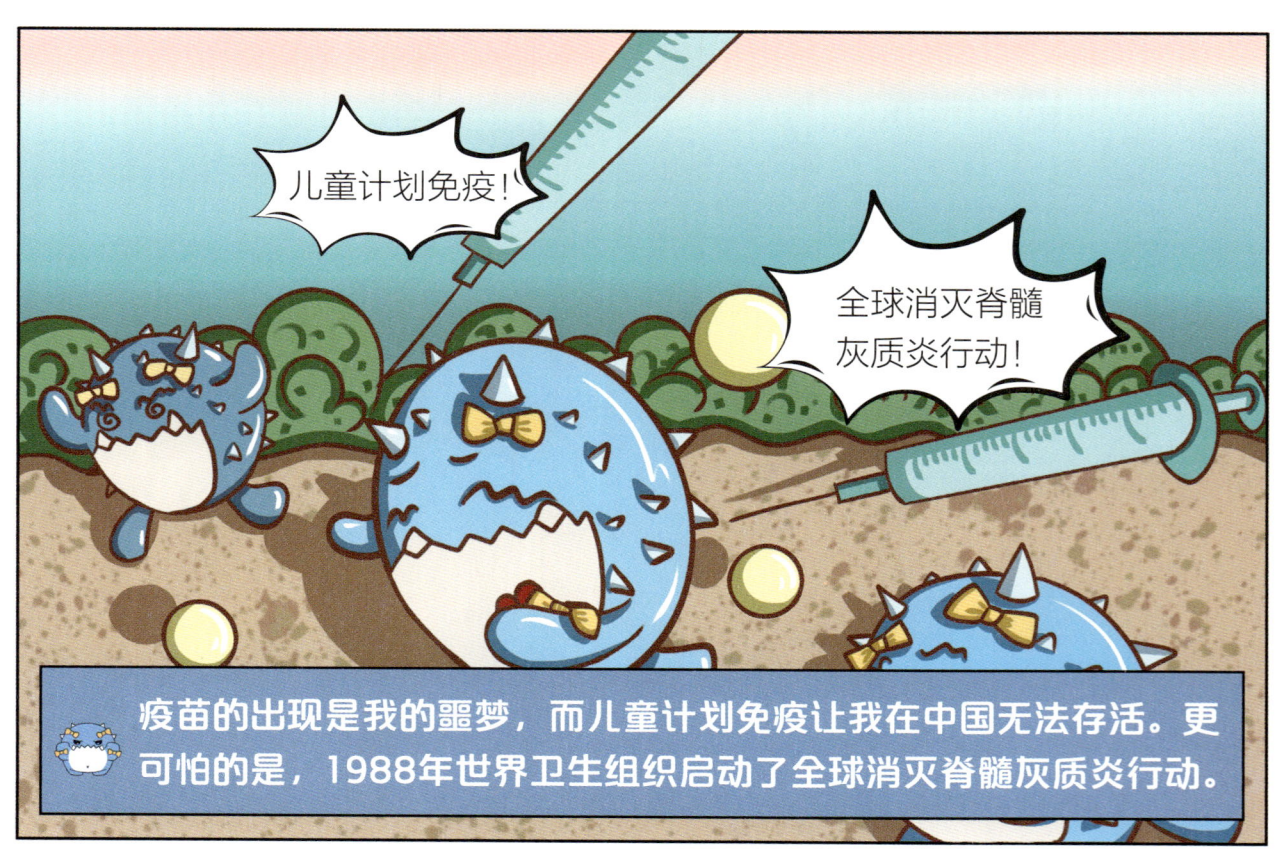

疫苗的出现是我的噩梦,而儿童计划免疫让我在中国无法存活。更可怕的是,1988年世界卫生组织启动了全球消灭脊髓灰质炎行动。

登革病毒
Dengue Virus (DENV)

登革病毒 由其引起的疾病称为登革热，俗称"断骨热"（因患者常出现剧烈骨痛）。它是全球传播最广的蚊媒病毒之一。虽然我国已采取多种措施防控登革热，但随着气候变化和人员流动，我们接触登革病毒的风险依然存在。小朋友们，让我们一起来学习如何防范登革病毒，保护自己和家人的健康吧！

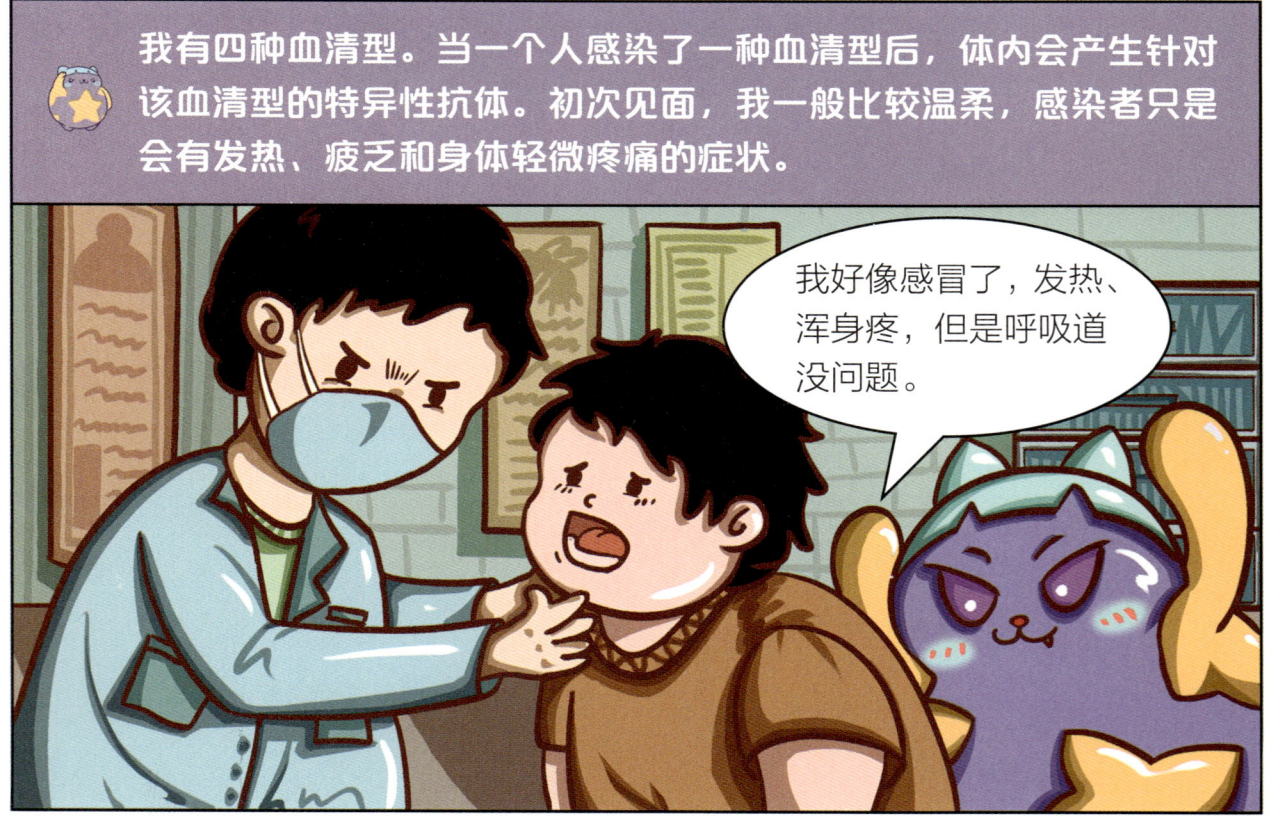

[登革病毒]

感染者若再次感染另一种血清型，我便会在血液中跟原有的抗体结合，形成免疫复合物，激活补体。有双重装备加持，我的攻击力更强了！

感染我的典型症状有高热、恶心、呕吐；"三痛"（头痛、眼眶痛、全身肌肉和关节痛）；"三红"（面红、颈红、胸部潮红），还会出现充血性皮疹和点状出血疹，这都是我的经典招数。

[登革病毒]

伊蚊在早晨和傍晚最活跃,这个时候它们拉帮结派地叮咬人类,我就跟着血液传播起来了。

妈妈,我被蚊子咬了,会不会也得登革热?

我只能通过伊蚊传播,其他蚊子还没有这个能力。

不用过于恐慌！全世界有三千多种蚊子，不是所有的蚊子都是伊蚊，也不是所有的伊蚊都被我感染过。

接触已经感染病毒的人并不会被传染。我一般的传染过程是：感染者—伊蚊—其他人。

[登革病毒]

我的传播前提是要做到"保质保量"。我要在伊蚊体内经过八到十天的繁衍增殖,才能让蚊子具有传播性。

伊蚊一旦被我感染,终生都具有传播病毒的能力!

[登革病毒]

我的"传播大使"伊蚊喜欢室内的清水容器，长期未处理的水缸、花瓶、花盆等有积水的容器都是它们最好的产房和托育园。

除此之外，室外各种缸、罐、树洞、竹筒，甚至废弃轮胎、破碗、烂碟以及工地小坑洼的积水中，也会有伊蚊的身影。

麻疹病毒
Measles Virus（MeV）

麻疹病毒　麻疹就是由麻疹病毒引起的急性出疹性呼吸道传染病,传染性极强。它是世界卫生组织正在努力消灭的第三种传染病,但要实现这一目标并不容易,需要大家一起努力才行!

[麻疹病毒]

人类是我唯一的自然宿主，麻疹病人是我唯一的传染源。

[麻疹病毒]

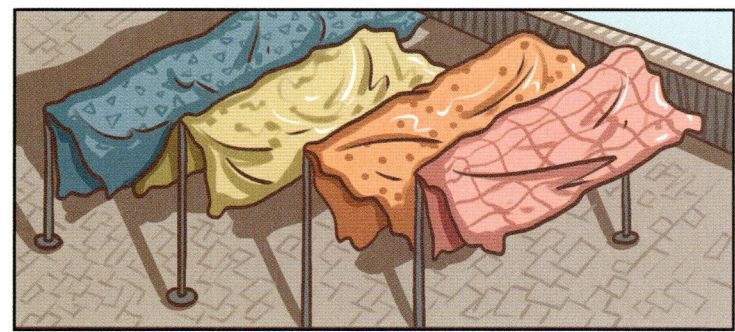

我经不住阳光照射，也不喜欢高温，常见的消毒剂（如含氯消毒剂、75%酒精、碘伏等）对我来说都是要命的。

大家都接种了麻疹疫苗，做好了防护……我真该换个星球生活了！

戊肝病毒
Hepatitis E Virus (HEV)

戊肝病毒 戊型肝炎病毒,简称"戊肝病毒",它可是病毒性肝炎家族的"新起之秀",猖狂得很,所有人群都有可能遭遇它的侵袭。它既能通过饮食从口侵入,也能经动物或血液悄然传播。让我们一起学习科学防护知识,抵御这一"隐匿杀手"!

[戊肝病毒]

甲肝病毒喜欢向15岁以下的儿童下手,而我攻击的目标是所有人群。若高危人群,如老人、孕妇和慢性肝病患者遇到我,尤其危险。

乙肝病毒
Hepatitis B Virus(HBV)

乙肝病毒 乙型肝炎病毒，简称"乙肝病毒"。人类感染它便会引起乙型病毒性肝炎（简称"乙肝"）。目前，在我国乙肝是导致慢性肝炎、肝硬化和肝癌的主要肝炎类型。今天让我们一起来认识乙肝病毒，看看如何预防它！

与乙肝病毒感染者进行无保护性行为易被我感染。

我还会通过血液传播,如输入被污染的血液及血液制品,使用未经严格消毒的注射器和针头、侵入性医疗或者美容器具等,均能被感染。

与乙肝患者日常生活接触不会被我感染。但一定记得不要共用牙刷、剃须刀、指甲剪等可能接触血液的物品,不然极易被我感染!

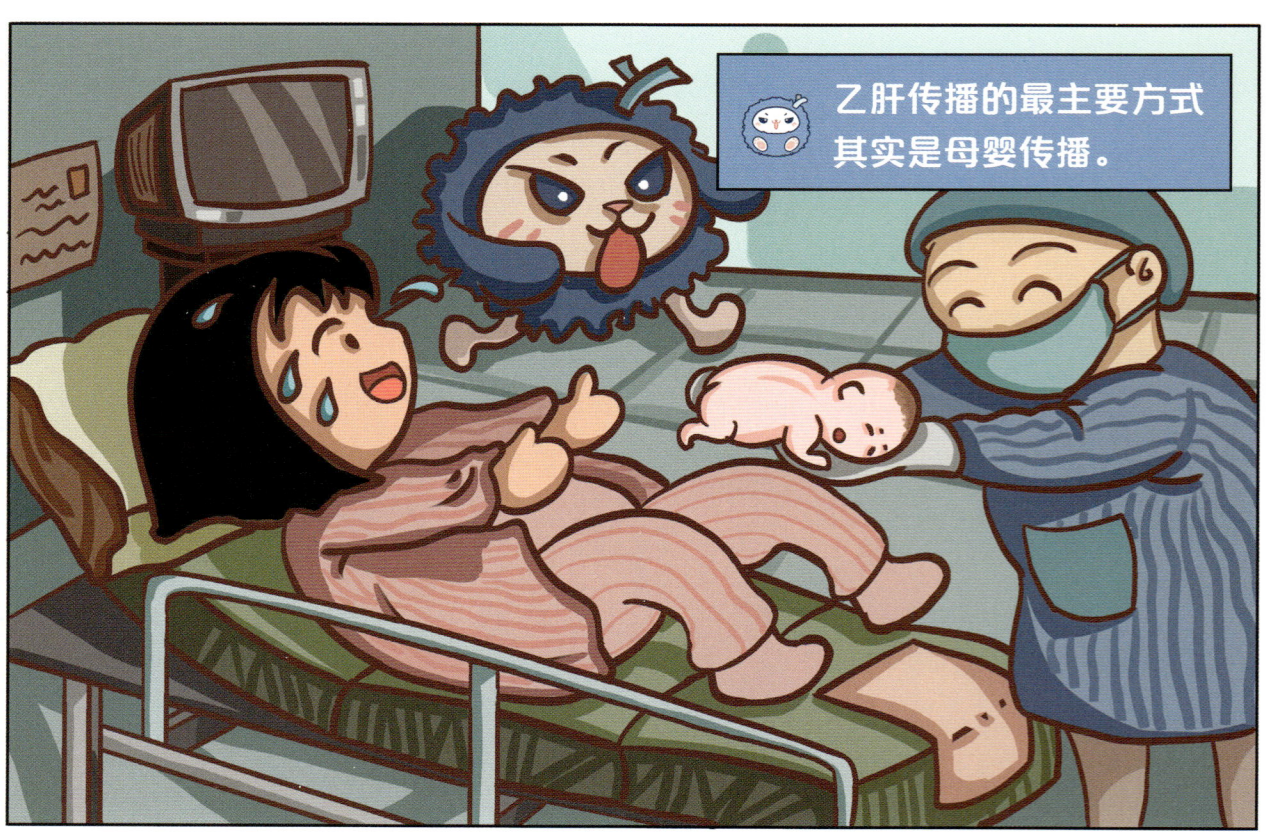

乙肝传播的最主要方式其实是母婴传播。

[乙肝病毒]

人们如果通过母婴传播，或者幼年时期被我感染，我一般会伴随终生。

我的家族历史悠久，数千年前的古人牙齿里就有我们的基因序列。

我是一种嗜肝病毒，喜欢肝。我其实并没有想要伤害肝，但我的存在会引发人体免疫反应，最终导致肝脏损伤。

[乙肝病毒]

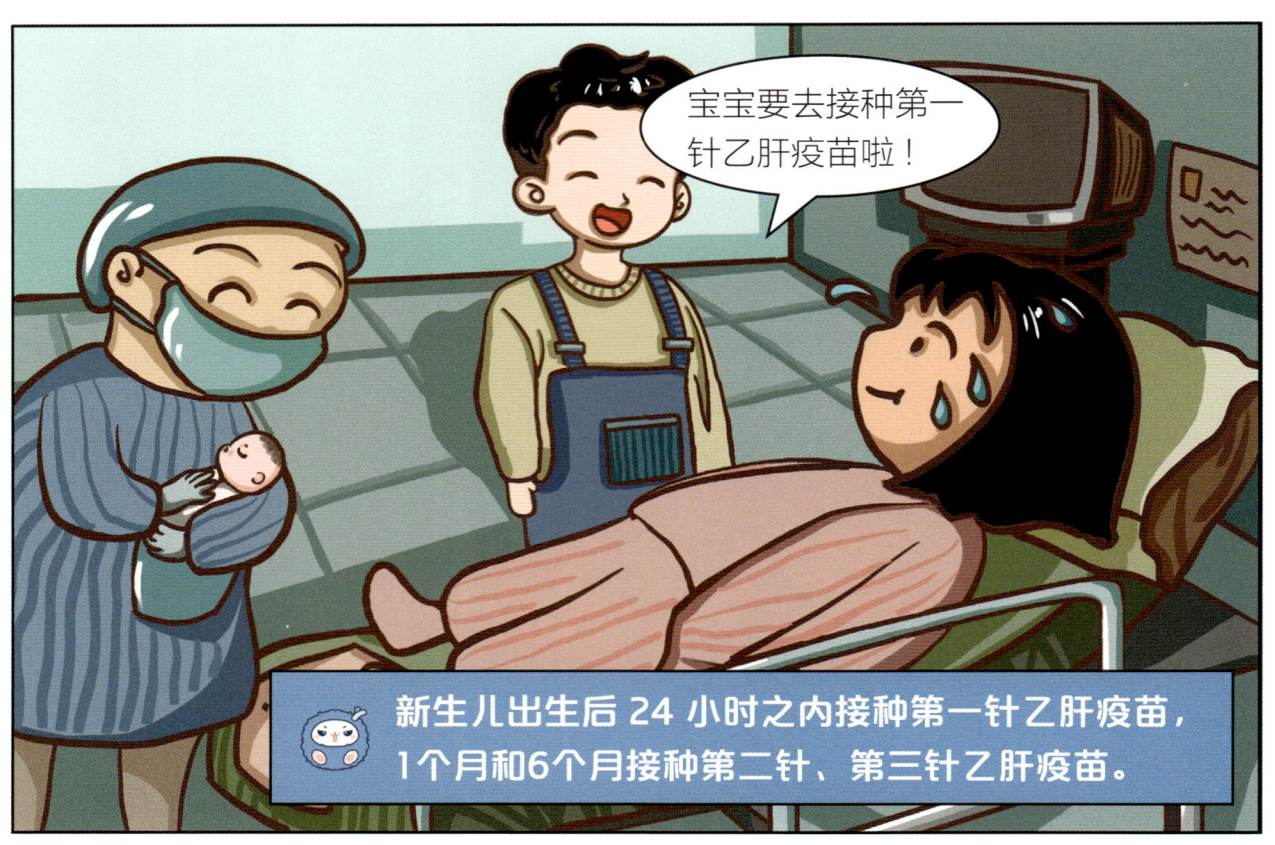

新生儿出生后24小时之内接种第一针乙肝疫苗,1个月和6个月接种第二针、第三针乙肝疫苗。

如果孕妈妈为乙肝病毒感染者,应在新生儿出生后尽早(最好在12小时内)为其注射乙肝免疫球蛋白,同时在不同部位接种乙肝疫苗。这样可以显著提升阻断我母婴传播的效果。

诺如病毒
Norovirus（NoV）

诺如病毒 它主要通过人体消化道感染引起急性胃肠炎，感染者主要的表现就是呕吐和腹泻。不过，诺如病毒的威力可不仅仅是让个别人发病，它最喜欢在人们参与集体活动的时候凑过去，快速战斗，攻击更多的人！让我们一起来认识它吧！

处置呕吐物时，应先让无关人员远离污染源两米以上。再带离患者，让其暂时转移至单独隔离的房间休息或送至医疗机构就诊。

将含吸水成分的消毒粉均匀撒在呕吐物上，消毒至作用时间后，小心清除干净；少量呕吐物可用一次性吸水材料蘸取含氯消毒剂完全覆盖，作用30分钟以上，再将呕吐物包裹后放入呕吐袋密封后处置。

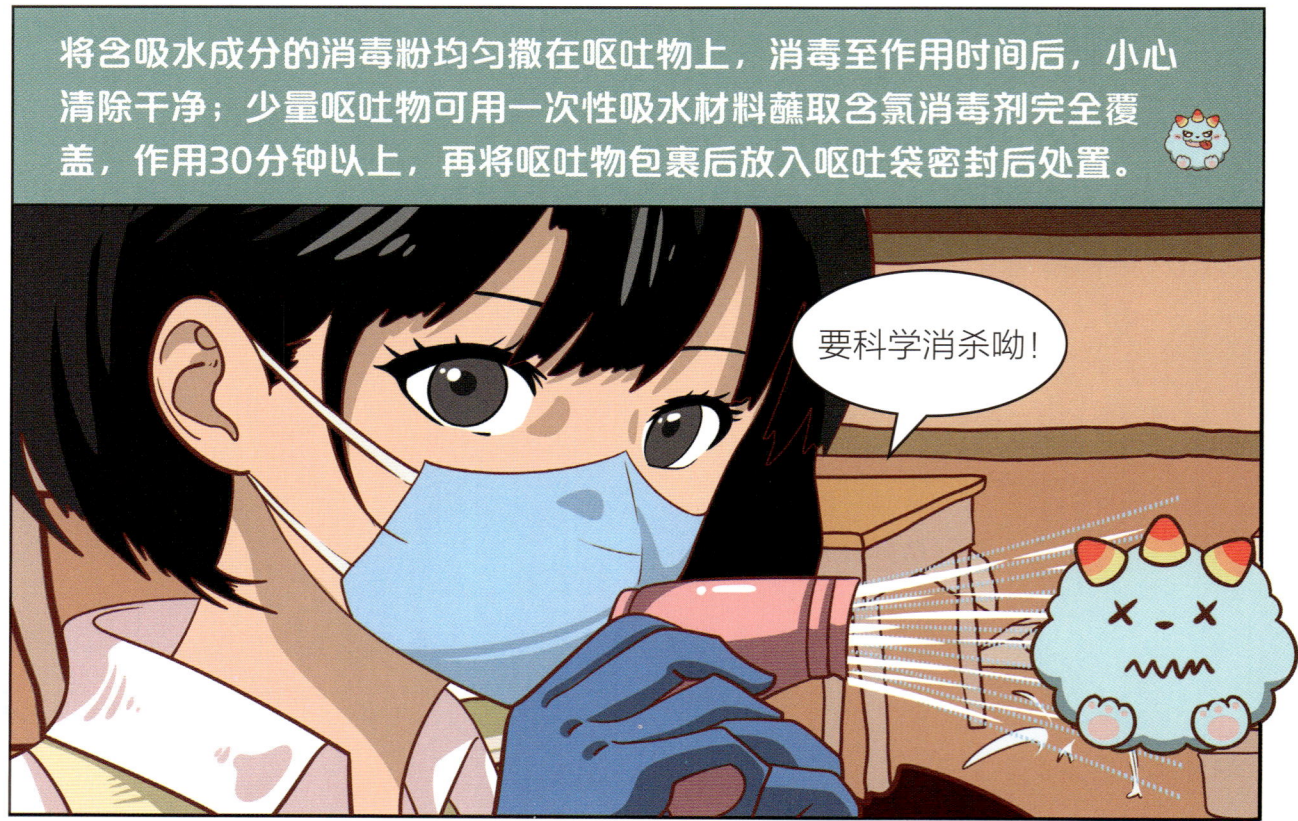

一旦被我感染，儿童患者通常表现为呕吐，成人患者则腹泻较多。他们可能会有头痛、打寒战、肌肉痛等症状，严重时还会出现脱水的情况。

腹泻又严重了……

患者要多补充水分和电解质，若出现腹泻导致脱水明显、频繁呕吐等症状，需及时就医。

我常混迹于感染者的粪便和呕吐物中,当我顺着这些粪便和呕吐物侵入人们的食物和水源后,我的消化道传播就开始了。

当人们接触到被我污染的物品后,若没有彻底洗干净双手,再接触到自己的口,便会被我感染。

我还会随着感染者的呕吐物或粪便产生的气溶胶,迅速向外传播。

若家人被我感染,尽量不与其近距离接触,分开食宿。家中要定期开窗通风,可用含氯制剂进行消毒,避免病毒在家内造成传播!

[诺如病毒]

我是个"善变"的病毒,目前还没有哪种疫苗能降服我,也没有哪种特效药能消灭我。

平时要多开窗通风、勤洗手、注意对餐具进行消毒、不吃生冷和未煮熟煮透的食物等,才能预防我的入侵。

水痘-带状疱疹病毒
Varicella-Zoster Virus（VZV）

水痘-带状疱疹病毒 这个病毒的名字是不是很特别？名字里藏着两种疾病！没错，它既是引起水痘的元凶，又是引发带状疱疹的幕后黑手。当人体初次感染它时，会引发瘙痒难耐的水痘红疹；此外，它可能在人体内潜伏数十年后突然"苏醒"，引发皮肤上灼痛刺痒的带状疱疹。今天就让我们一起来学习如何预防它，共同抵御水痘-带状疱疹病毒！

[水痘－带状疱疹病毒]

我来啦！

当我侵入人体后，会让人的皮肤表层的细胞"胀破"，破裂的细胞液聚在一起，就形成了一个个独立的小水疱。

低热、乏力都是感染者的初期反应。紧接着就是向心性的全身皮疹：躯干、头面部皮疹密集，四肢皮疹稀疏。

[水痘－带状疱疹病毒]

潜伏多年的我一逮着机会便会大量复制，从感觉神经再次回到皮肤层，形成带状疱疹。特别提醒一下：除了潜伏作案，我们还会光明正大地直接瞄准新的宿主，并发起攻击。

我沿着神经系统一路狂奔，免疫细胞就一路追打，结果一些无辜的神经系统也跟着遭了殃，从而引发强烈的炎症反应，此时人体会感到剧烈的疼痛。

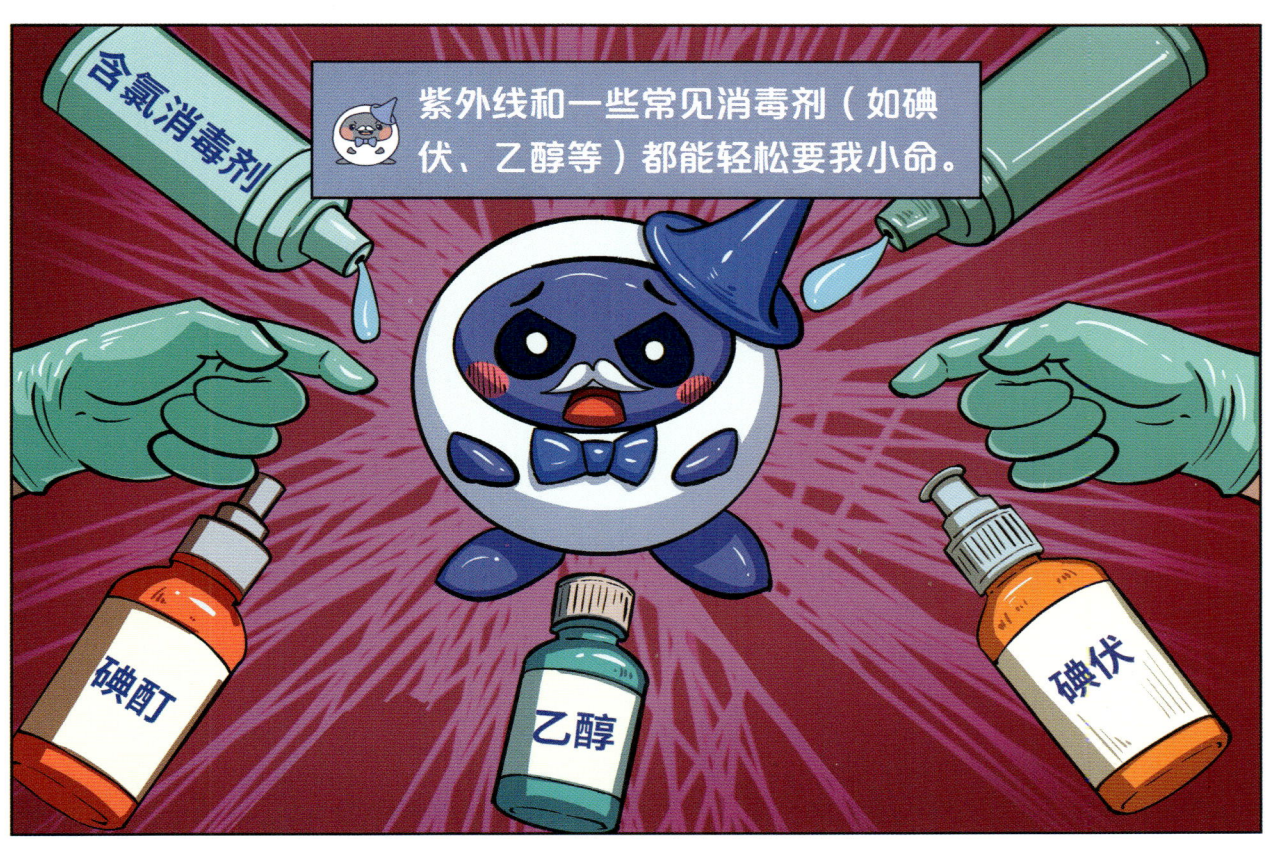

狂犬病病毒
Rabies Virus (RABV)

狂犬病病毒　狂犬病就是由这个病毒感染引起的一种动物源性传染病,全球每年仍有数万人因狂犬病丧生。狂犬病病毒一般通过小狗、小猫等动物的唾液传播,看似日常的抓咬伤都可能被感染,但如果能科学、及时地处理伤口并接种疫苗,就可以完全阻断这个"近在咫尺"的死亡威胁。

[狂犬病病毒]

人们一旦被感染我的动物咬伤、抓伤或舔到皮肤的破损处，都有可能被传染。

咱们先安心住下，适应一下新环境。

我是有潜伏期的，通常是一到三个月。极少数会有两周内或一年以上发病的情况。

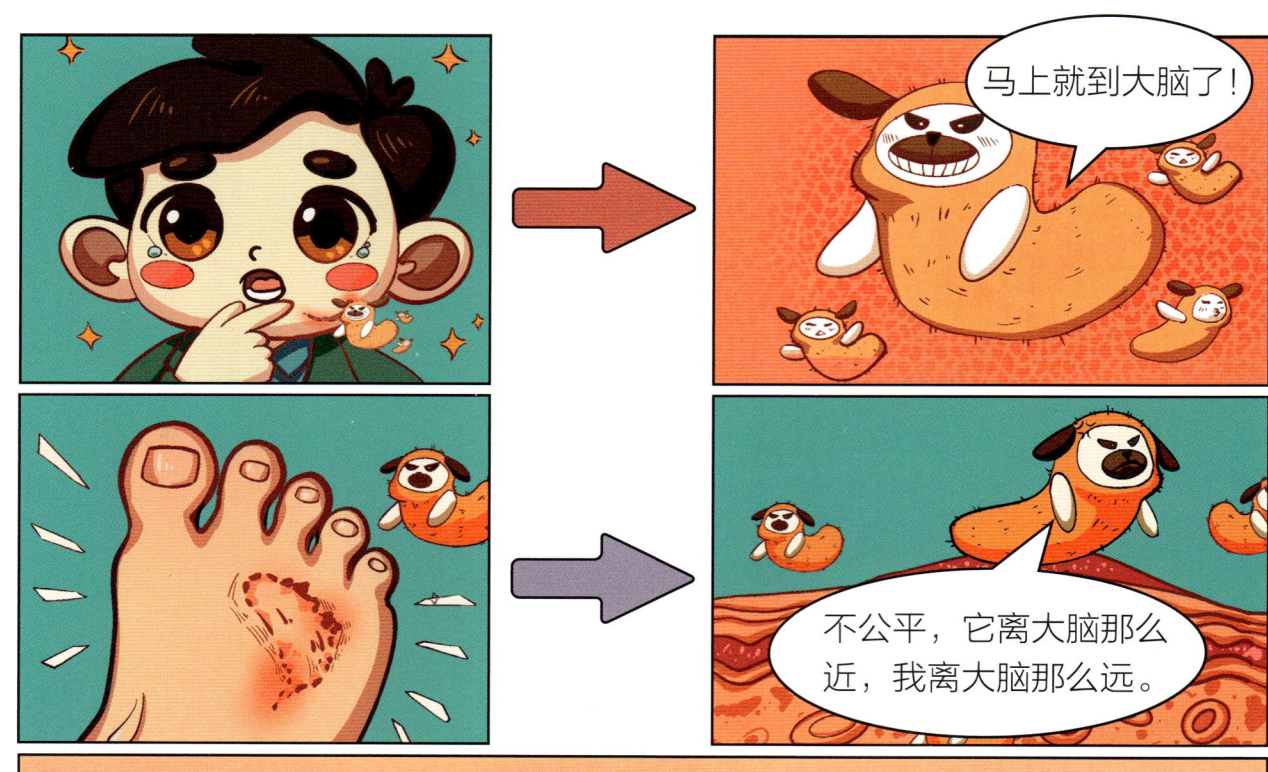

[狂犬病病毒]

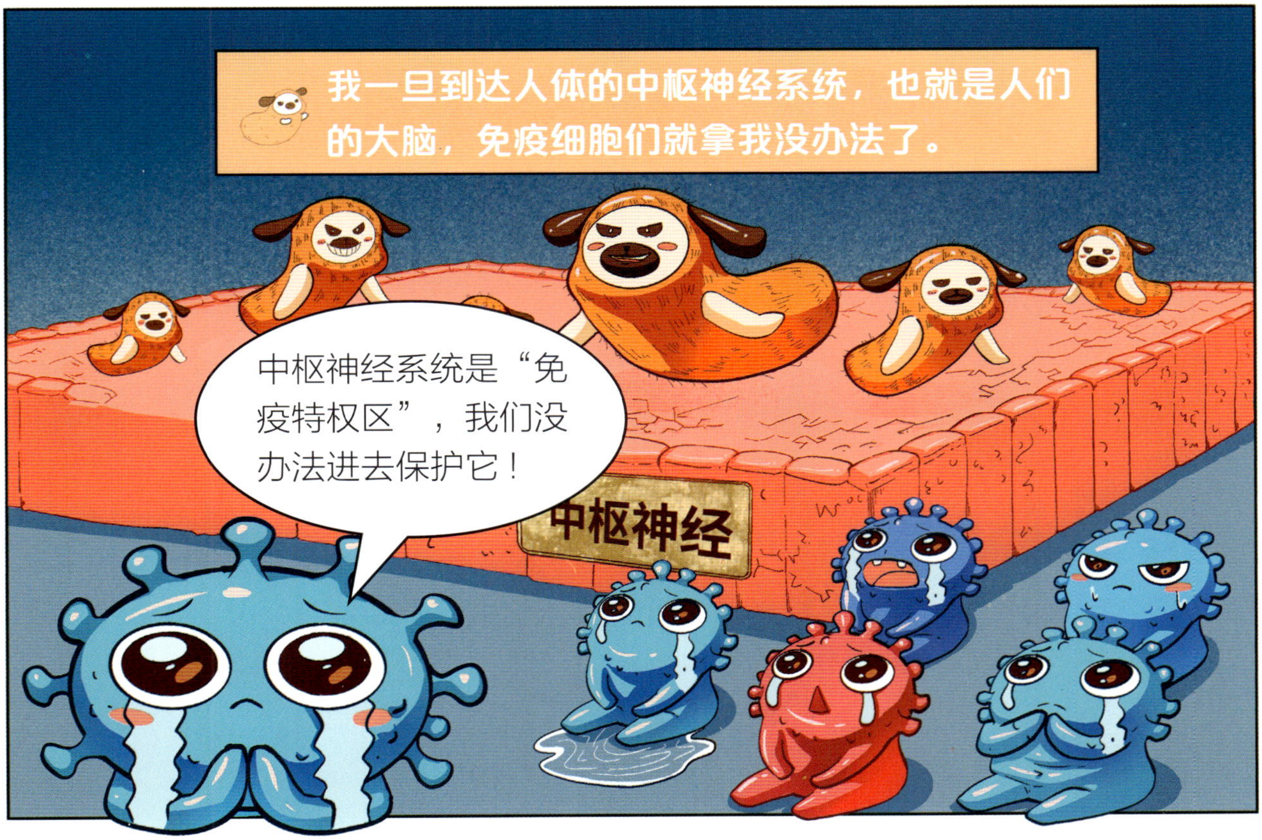

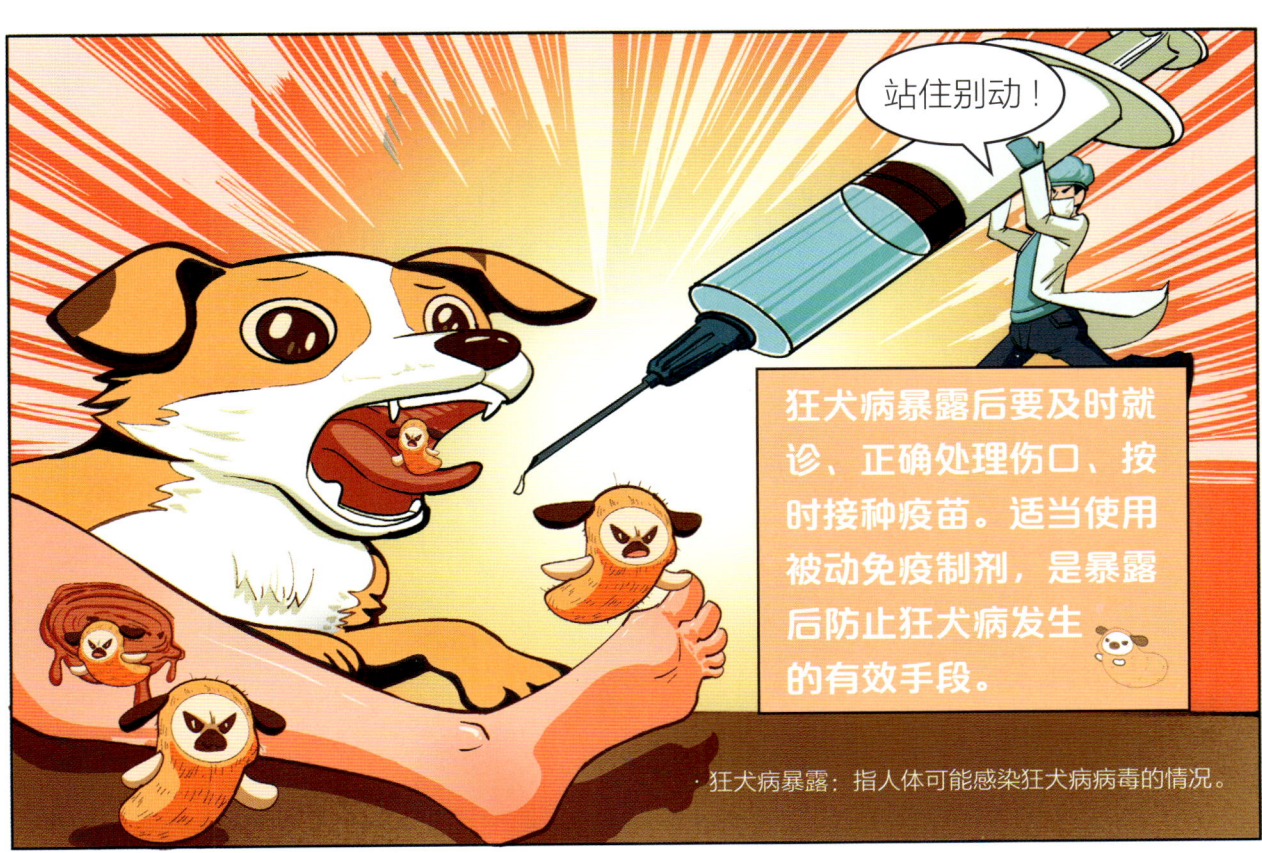

· 狂犬病暴露：指人体可能感染狂犬病病毒的情况。

[狂犬病病毒]

单处或多处贯穿皮肤的咬伤、抓伤；破损皮肤被舔舐；开放性伤口或黏膜被唾液污染（如被舔舐）；直接接触蝙蝠，或间接接触其唾液等。发生以上几种情况，应立即处理伤口并注射狂犬病被动免疫制剂和狂犬病疫苗。

受伤后简单处理步骤：先用肥皂水和流动清水交替冲洗伤口至少15分钟，再用消毒剂消毒，盖上干净纱布，无须包扎，并尽快就医。

疫苗接种时间越早越好,即使超过24小时接种疫苗依然有意义。狂犬病疫苗没有年龄限制,低月龄宝宝可以接种,如在备孕、怀孕甚至哺乳期这样的特殊阶段,同样也可以接种。

尽管现代医学通过疫苗和免疫球蛋白能有效预防狂犬病毒感染,但病毒一旦入侵中枢神经系统导致发病,尚无有效治疗方法,死亡率接近100%。

毫不客气地说,作为一个拥有千年历史的著名病毒,我至今没有被完全攻克。

人乳头瘤病毒
Human Papillomavirus（HPV）

人乳头瘤病毒 它是引发宫颈癌的"头号嫌疑人",其实它并非只有一副"面孔"。它包含100多种类型,分为低危型和高危型。它虽然有很多类型,但我们不必害怕,因为它"可防可治"。今天就让我们一起来探索这个病毒的奥秘吧!

[人乳头瘤病毒]

人类是我唯一的宿主,所以我努力寻找机会侵入人类的身体。人类一生中大概率会被我感染。

你知道我是怎么进入人类身体的吗?

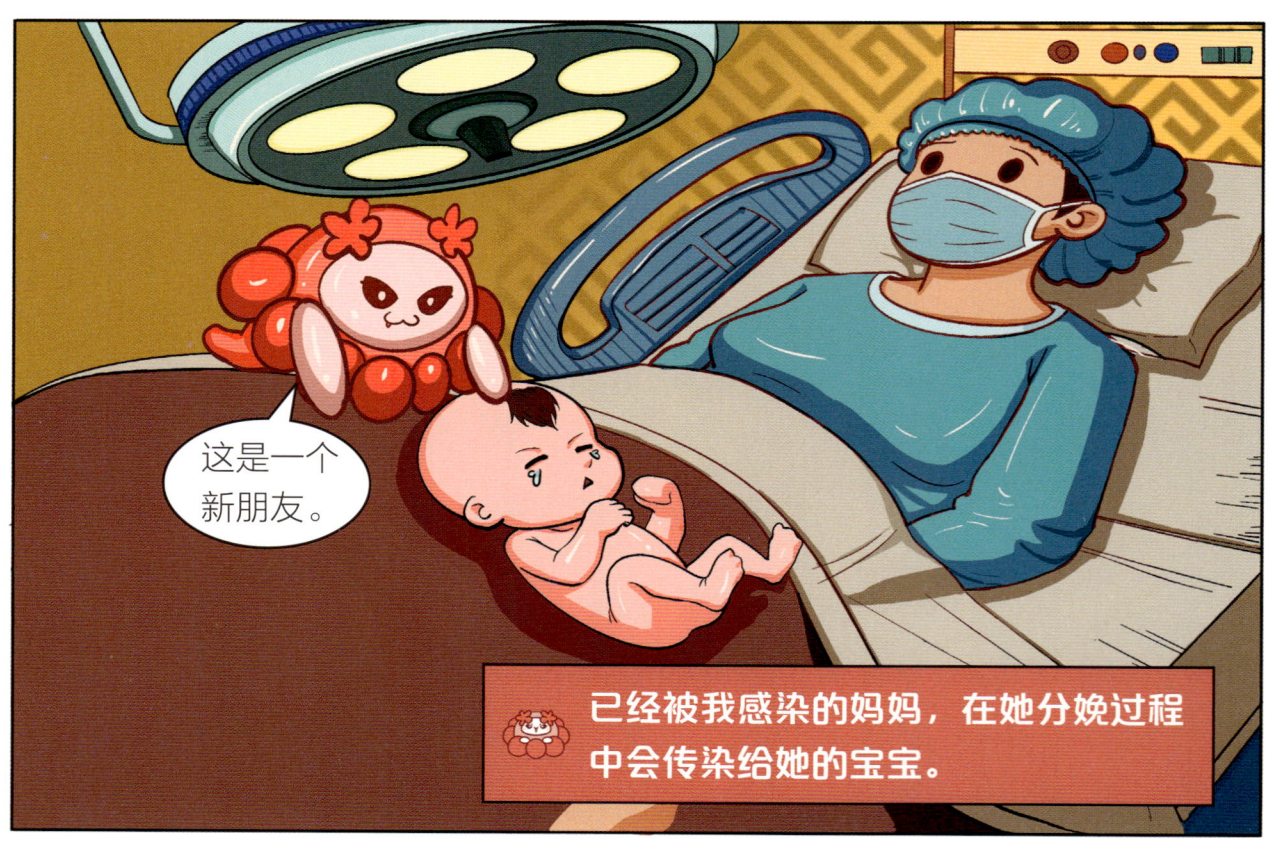

[人乳头瘤病毒]

其余时候我会到处溜达,一些黏膜组织(如口腔、咽喉、生殖道等)和有破损的皮肤,都是人类身体向我敞开的大门。

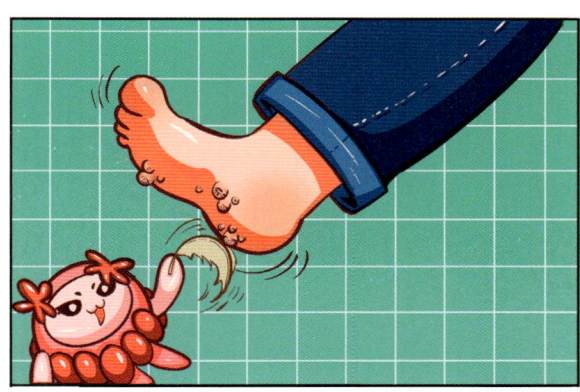

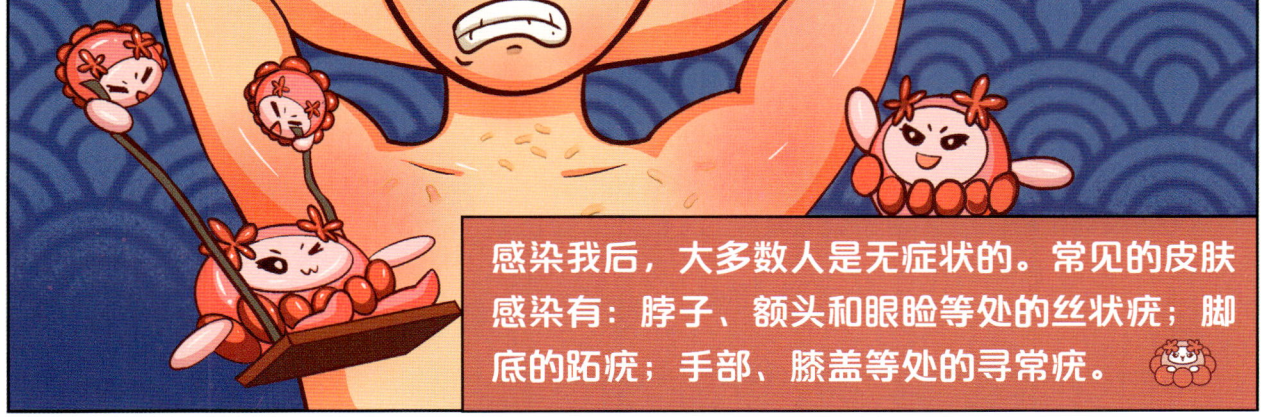

感染我后,大多数人是无症状的。常见的皮肤感染有:脖子、额头和眼睑等处的丝状疣;脚底的跖疣;手部、膝盖等处的寻常疣。

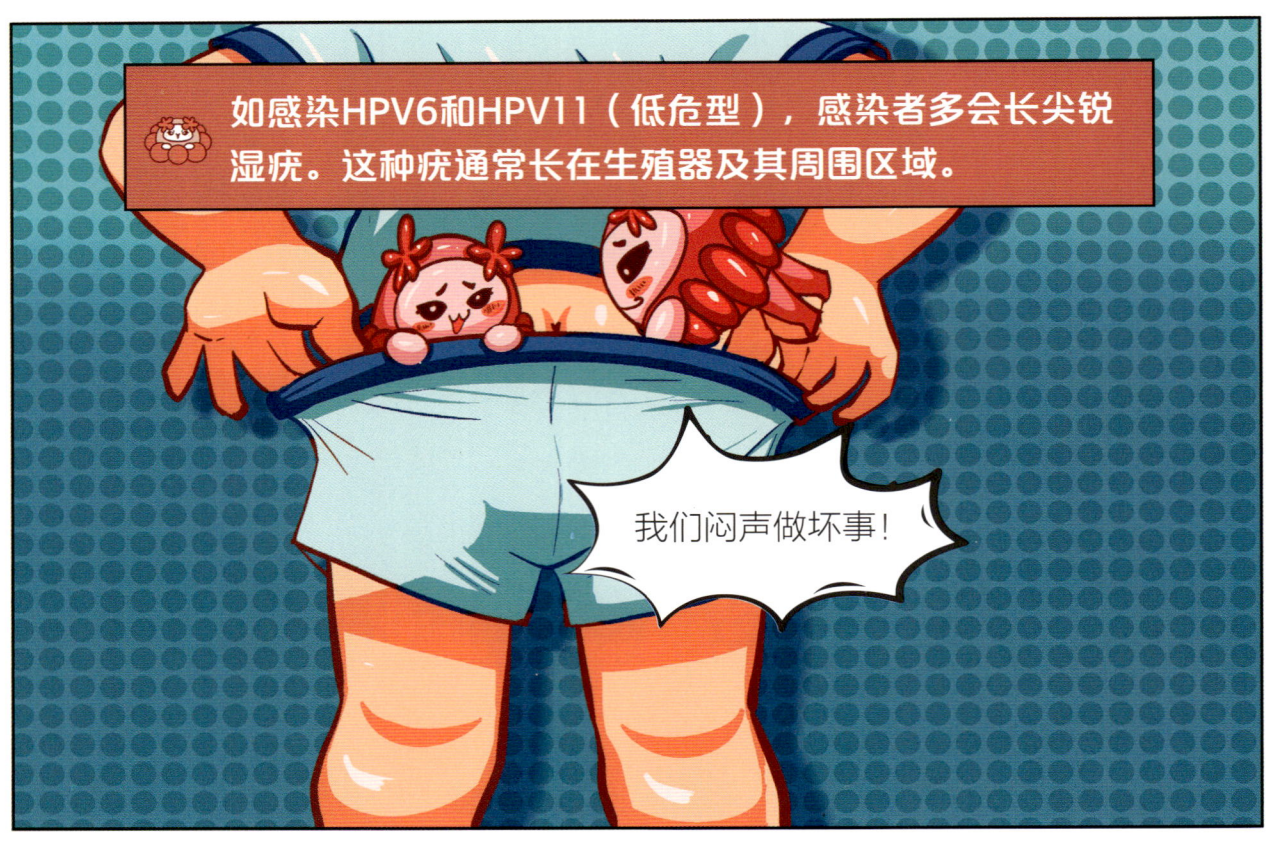

[人乳头瘤病毒]

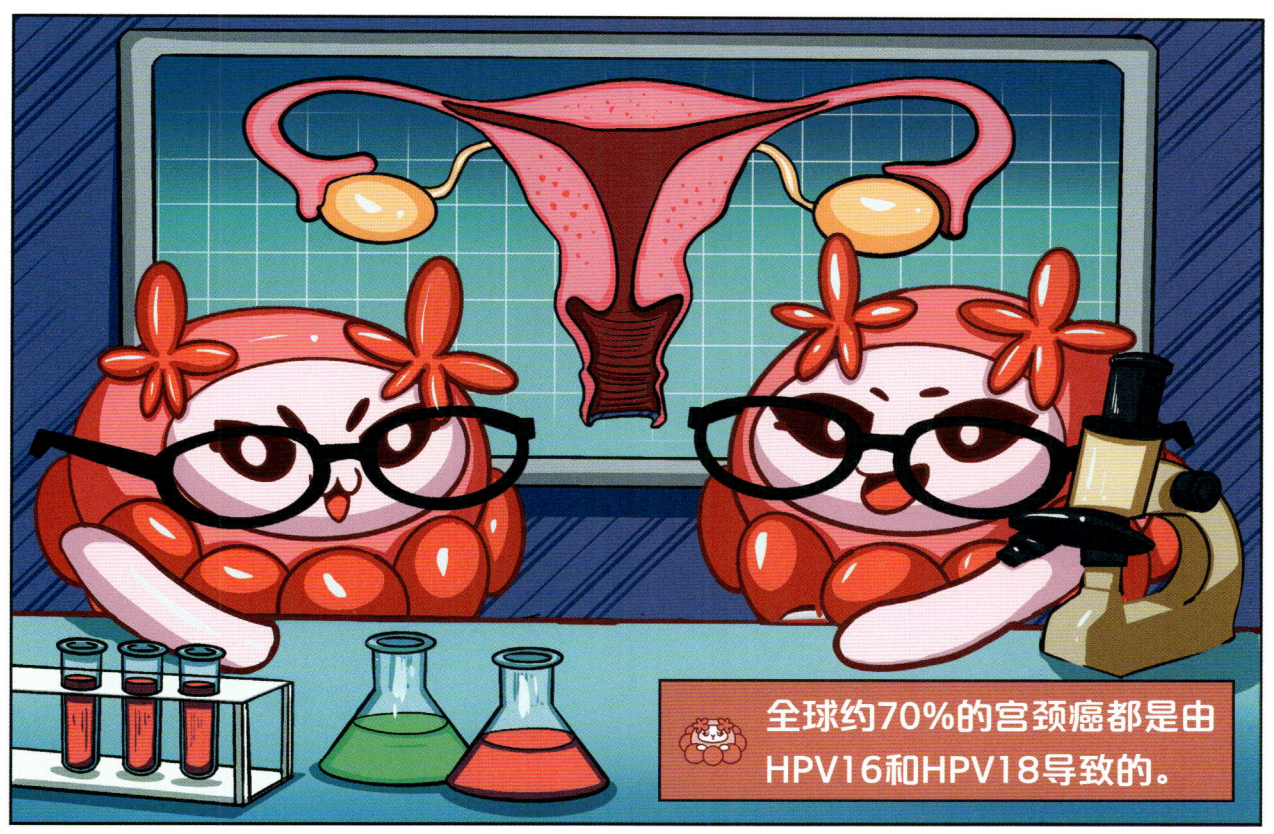

全球约70%的宫颈癌都是由HPV16和HPV18导致的。

不过不论男性还是女性感染HPV病毒以后，多是可以被免疫系统自然清除掉的。

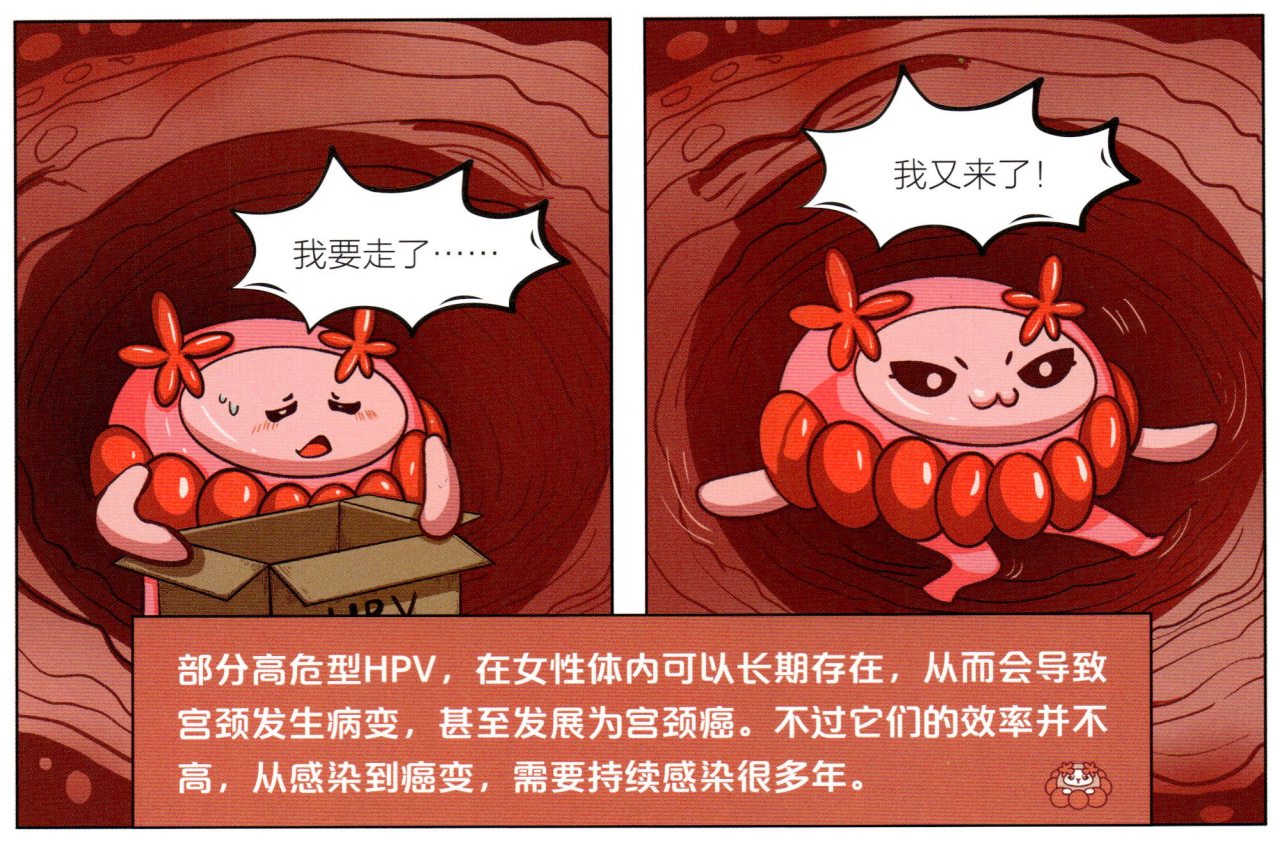

[人乳头瘤病毒]

多大年纪可以接种HPV疫苗呢？

9—14岁及无性生活史的女性为首要接种对象，青少年容易激发更好的免疫反应。

已经生过宝宝的女性接种HPV疫苗还有用吗？

在我国，女性在17—24岁和40—44岁是两个HPV感染高峰期。在9—45岁内接种HPV疫苗都可以起到很好的保护作用。即便生育或感染过HPV，也可以接种疫苗，且接种依然有意义。

[人乳头瘤病毒]

被我污染的衣物等,可用消毒剂浸泡或加热煮沸来消毒。

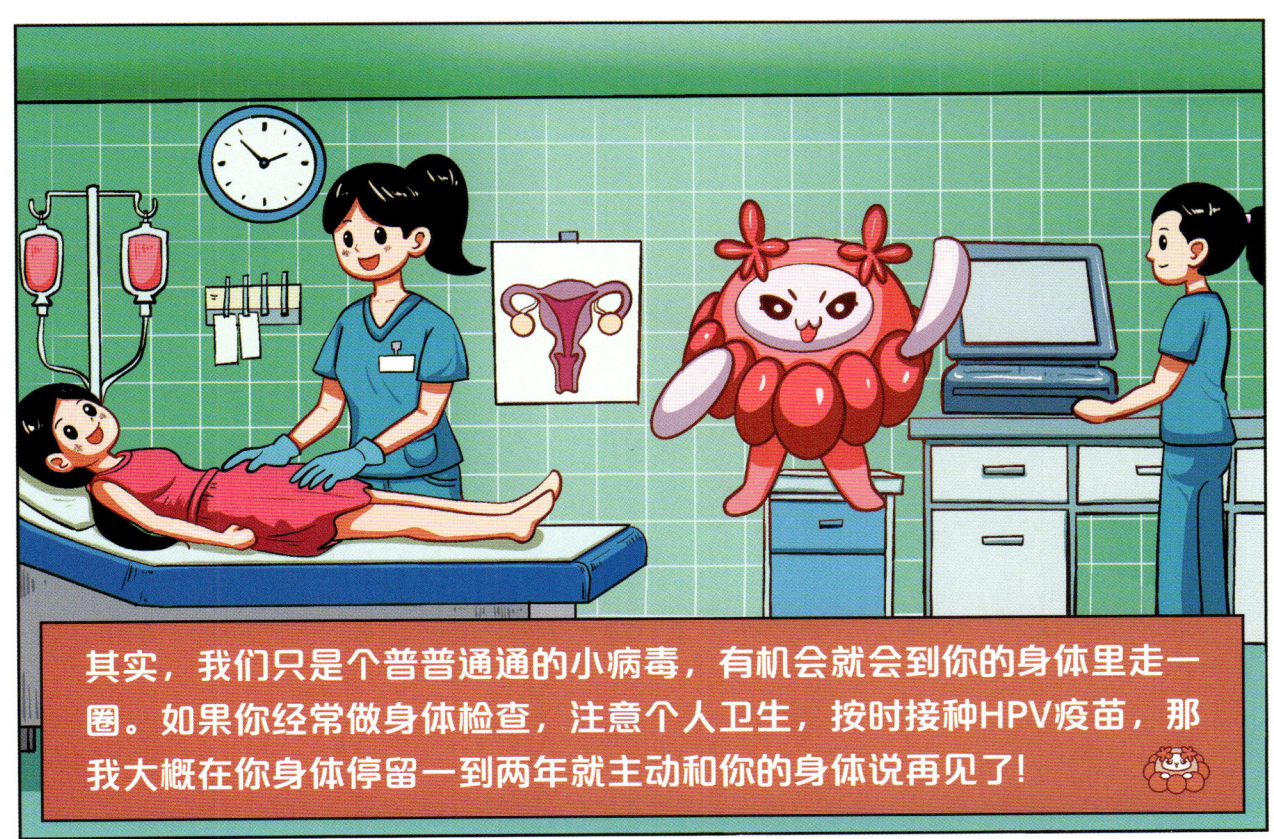

其实,我们只是个普普通通的小病毒,有机会就会到你的身体里走一圈。如果你经常做身体检查,注意个人卫生,按时接种HPV疫苗,那我大概在你身体停留一到两年就主动和你的身体说再见了!